TROISIÈME FASCICULE

L'ELASMOTHERIUM

MATÉRIAUX

POUR

L'HISTOIRE DES TEMPS QUATERNAIRES

PAR

Albert GAUDRY

Membre de l'Institut, professeur au Muséum d'histoire naturelle

ET

Marcellin BOULE

Agrégé des sciences naturelles

TROISIÈME FASCICULE

PARIS

LIBRAIRIE F. SAVY

77, BOULEVARD SAINT-GERMAIN, 77

1888

L'ELASMOTHERIUM

PAR

Albert GAUDRY & Marcellin BOULE

Un des résultats des phénomènes qui ont caractérisé une partie de l'Europe pendant l'époque quaternaire a été la destruction des forêts. Les moraines de fond des glaciers qui descendaient de la Scandinavie ont formé des accumulations de limons, de sables, de blocs erratiques arrachés à des régions glacées, sans végétation et, par là même, sans humus. Elles ont constitué un manteau continu sur une partie de la Russie et de l'Allemagne; ce manteau est un linceul de mort : encore aujourd'hui, les cultivateurs ont beaucoup de peine pour rendre productives des campagnes où la terre végétale est devenue très rare. Là même où il n'y a pas eu de coulées de glaciers avec des moraines de fond amenant des accumulations de roches stériles, le froid seul a pu détruire la végétation forestière; il s'est produit sans doute le même fait qui a lieu actuellement dans les Toundras de Sibérie où le sol reste gelé à quelque profondeur, même en été, et présente des alternances de couches de glace et de sable, de telle sorte qu'aussitôt que les arbustes veulent grandir, leurs racines rencontrent la glace, la mort arrive. Le règne des herbages a dû succéder à celui des forêts.

Il est intéressant d'étudier comment les animaux qui ont vécu au milieu des forêts se sont modifiés pour s'accommoder au régime des simples herbages. Un des meilleurs sujets que l'on puisse avoir pour cette étude est l'*Elasmotherium*.

Les débris fossiles de l'*Elasmotherium*, aussi bien que ceux du *Dinotherium*, ont donné lieu aux interprétations les plus diverses et ont mis en jeu la sagacité des naturalistes les plus habiles.

Le genre a été établi par Fischer de Waldheim (1), d'après une mâchoire qu'il décrivit sous le nom d'*Elasmotherium sibiricum*. Le savant russe déclara que l'animal auquel avait appartenu cette mâchoire devait avoir des affinités avec les éléphants, les rhinocéros et même les édentés.

Cuvier (2) a également décrit et figuré ce débris et a présenté l'*Elasmotherium* comme un intermédiaire entre les rhinocéros et les chevaux.

Dans son *Ostéographie*, Blainville l'a placé à côté des édentés.

Sans en avoir fait une étude spéciale, Pictet (3), dont l'esprit était si ingénieux, a su deviner, mieux qu'aucun autre naturaliste, le vrai caractère de l'*Elasmotherium*. Il l'a défini, d'un seul trait, un animal voisin des rhinocéros, mais « plus essentiellement herbivore ».

(1) *Mémoires de la Société des naturalistes de Moscou*, 2ᵉ volume, 1809.
(2) *Recherches sur les ossements fossiles*, 4ᵉ édition, t. III, p. 187.
(3) *Traité de paléontologie*, 2ᵉ édition, t. I, p. 300, 1853.

Dans la collection du Dr Gall, acquise par le Muséum, on trouva la moitié postérieure d'un crâne qui était indiquée comme provenant des bords du Rhin. Kaup (1) et Laurillard reconnurent que cette curieuse pièce appartenait à l'*Elasmotherium* et crurent que cet animal pouvait être un proche parent du *Dinotherium*.

Pourtant, dans ses *Nouvelles études sur les Rhinocéros fossiles* (2), Duvernoy décrivit soigneusement l'arrière-crâne de la collection du Dr Gall, fit ressortir sa ressemblance avec celui des rhinocéros et lui imposa le nom de *Stereoceros Galli*.

Enfin, Henri Milne-Edwards (3), reprenant l'étude de la pièce de Gall, a pensé que le *Stereoceros* n'appartient pas à la famille des rhinocéros, mais que c'était un animal aquatique, probablement marin.

Ces divergences entre les opinions des hommes les plus expérimentés, s'expliquent par l'insuffisance des documents qu'ils ont eus en leur possession.

En 1879, Brandt a consacré un mémoire (4) à la description d'un crâne complet envoyé à l'Académie impériale de Saint-Pétersbourg. Depuis, de nouvelles pièces, notamment un crâne et plusieurs os des membres, ont été adressées à l'Institut des mines de l'Empire russe où l'un de nous a pu les étudier. M. de Möller a bien voulu donner des moulages de ces pièces au Muséum de Paris. En outre, M. Ossoskoff a fait présent au même établissement d'une moitié de crâne récemment trouvée

(1) *Neues Jahrbuch für Mineralogie, Geognosie und Petrefactenkunde von Leonhard und Bronn*, 1841, p. 241.

(2) *Archives du Muséum d'histoire naturelle*, t. VII, 1854.

(3) *Observations sur le Stéréocère de Gall* (*Annales des sciences naturelles, zoologie et paléontologie*, 5ᵉ série, t. X, 1868).

(4) *Mittheilungen über die Gattung Elasmotherium, besonders den Schädelbau derselben* (*Mémoires de l'Académie de Saint-Pétersbourg*, t. XXVI, 1879).

à Samara, sur les bords du Volga. Cette pièce ressemble à celle décrite par Duvernoy sous le nom de *Stereoceros Galli.*

Avec tous ces débris, il est possible d'avoir sur l'*Elasmotherium* des idées plus précises. Dans cet ouvrage (pages 41, 42 et 79), l'un de nous a dit que le *Rhinoceros tichorhinus* semble représenter un rhinocéros tertiaire dont la dentition a été modifiée pour s'adapter au régime herbivore. Nous ajoutons que l'*Elasmotherium* peut être regardé comme une modification exagérée dans ce sens du type rhinocéros.

CRANE

Brandt, dans le travail cité plus haut, a fait ressortir les ressemblances qui existent entre la tête de l'*Elasmotherium* et celle du *Rhinoceros tichorhinus.* Le savant auteur russe a pensé que l'*Elasmotherium* fait bien partie du groupe des rhinocéros; mais, comme il ne connaissait pas les membres et qu'il était frappé de l'aspect des dents, à fût allongé et émail très plissé, il a reproduit à peu près l'idée de Cuvier qui supposait que l'*Elasmotherium* était un animal intermédiaire entre les rhinocéros et les chevaux (1).

Le crâne de l'*Elasmotherium* (pl. XVI, fig. 1) diffère de celui du *Rhinoceros tichorhinus* par de plus grandes dimensions. L'exemplaire du Muséum mesure, en effet, 98 centi-

(1) Pour Brandt, l'*Elasmotherium* constitue à lui seul la sous-famille des *Hippodontinœ.*

mètres de l'extrémité nasale à la crête occipitale. Il en diffère également par l'exagération de sa bosse frontale qui supportait une corne puissante. Cette énorme protubérance (*fr.*), rugueuse, ridée, provient simplement du grand développement des sinus des os frontaux. Les pariétaux n'y ont aucune part et se trouvent de la sorte repoussés en arrière et très réduits (1). La suture fronto-pariétale, souvent difficile à voir sur les crânes de rhinocéros, s'observe sur la pièce donnée au Muséum par M. Ossoskoff et que nous avons fait représenter figure 2, planche XVI. C'est un arrière-crâne qui a été brisé, comme celui de Gall, suivant une ligne transversale passant un peu au-dessus de la suture fronto-pariétale; cette cassure permet de se rendre compte de la boursouflure exagérée des sinus frontaux (*s. fr.*).

Les narines étaient séparées, comme chez le *Rhinoceros tichorhinus*, par une cloison nasale complètement ossifiée. Un accident de fossilisation a détruit cette cloison sur le crâne que nous avons figuré. Mais elle est parfaitement développée sur l'exemplaire étudié par Brandt. Par contre, l'extrémité de l'intermaxillaire (*i. m.*) est ici beaucoup mieux conservée et sa forme a suggéré à M. de Möller l'idée que l'*Elasmotherium* avait pu avoir une trompe analogue à celle du tapir. La séparation complète des narines sur toute leur longueur nous semble rendre difficile d'accepter la supposition de l'éminent paléontologiste de Saint-Pétersbourg. Nous trouvons préférable d'admettre un appendice labial de pré-

---

(1) Henri Milne-Edwards, qui n'a eu à sa disposition que l'arrière-crâne de Gall, s'est basé sur la compacité et l'épaisseur des os pour établir une différence avec la tête des rhinocéros où tous les os crâniens sont creusés de grandes cellules. Si cet illustre zoologiste avait pu étudier la bosse frontale, il eût été probablement le premier à ne voir dans cette disposition que l'effet d'une sorte de balancement organique qui rendait la tête moins lourde en amenant le centre de gravité plus près des condyles.

hension qui aurait eu, en l'exagérant, la disposition offerte par les rhinocéros actuels.

Quoi qu'il en soit, la présence d'une cloison osseuse complète est d'autant plus curieuse que les nasaux, au lieu d'être élargis et rugueux pour supporter une deuxième corne comme chez le *Rhinoceros tichorhinus*, sont étroits, lisses et donnent au museau une forme très effilée. Par ce caractère, et aussi par la forme de l'arcade zygomatique, l'*Elasmotherium* se rapproche plus du *Rhinoceros Merckii* que du *Rhinoceros tichorhinus*.

L'ostéologie de la partie postérieure du crâne présente, ainsi que Duvernoy l'a le premier démontré, tous les caractères particuliers aux rhinocéros.

Henri Milne-Edwards a fait exécuter le moulage intracrànien de la pièce de Gall; nous l'avons fait dessiner, figure 3 de la planche XVI. Malgré certains caractères différentiels, la figure générale du cerveau se rapproche plus de celle des rhinocéros que d'aucun autre mammifère. Dans les deux genres, les lobes olfactifs (*l. o.*) sont très développés; les hémisphères (*h.*) présentent de nombreuses circonvolutions; le cervelet (*c.*) est très réduit, bas, étroit.

DENTITION

La planche XVII montre, figures 1 et 3, les molaires supérieures et les molaires inférieures gauches d'un *Rhinoceros tichorhinus* provenant d'Abbeville; figures 2 et 4, les molaires supérieures et les molaires inférieures gauches de l'*Elasmo-therium*, d'après Brandt.

C'est le système dentaire qui a fait hésiter les auteurs à déclarer que l'*Elasmotherium* était une véritable forme de rhinocéros. Ce système est caractérisé d'abord par l'absence d'incisives. Mais Brandt a montré qu'il y avait aux inter-maxillaires, et aussi à la mâchoire inférieure, les rudiments de deux incisives de première dentition représentés par deux alvéoles. Ce fait se retrouve chez le *Rhinoceros tichorhinus* et chez le *Rhinoceros simus* actuel, qui est le plus proche voisin du *tichorhinus*.

Les molaires sont au nombre de vingt ; cinq de chaque côté et à chaque mâchoire au lieu de sept que présentent norma-lement les rhinocéros. Cette différence semble d'une grande valeur à première vue. Cependant elle peut indiquer, non pas une filiation distincte, mais simplement une adaptation à un régime plus herbivore. Les prémolaires, dents essentiellement destinées à couper, perdent de leur importance chez les ani-maux dont les dents doivent surtout broyer ou triturer des herbes ; les arrière-molaires prennent plus de place en même temps que les prémolaires en prennent moins. Déjà, chez cer-tains rhinocéros du miocène supérieur, la première prémolaire de seconde dentition disparaît de bonne heure (*Rh. pachy-gnathus*). Il en est de même chez le *Rhinoceros tichorhinus* où « on ne connaît, dit Duvernoy, que les six dernières molaires des deux mâchoires, la première étant sans doute très caduque ». Le Muséum de Lyon possède pourtant une mâchoire supérieure d'un jeune *Rhinoceros tichorhinus* où la première prémolaire est encore en place. Mais cette caducité précoce est bien semblable à ce que l'on observe chez l'*Elas-motherium* où Brandt a signalé, en avant des prémolaires,

tant à la mâchoire supérieure qu'à la mâchoire inférieure, une
cavité représentant l'alvéole rudimentaire d'une dent disparue
(fig. 4, 2 *p.*) ; cela élève à six le nombre des molaires de
chaque côté et constitue, sous ce rapport, une transition re-
marquable.

La forme, comme le nombre des molaires paraît, à première vue, éloigner beaucoup l'*Elasmotherium* des rhinocéros
ordinaires et l'on conçoit que cela ait beaucoup frappé les naturalistes. Là aussi cependant, nous sommes portés à croire
qu'il y a une différence, non de filiation, mais d'adaptation à
des conditions nouvelles d'existence. Le fût des dents s'est
allongé en même temps que, le régime devenant plus herbivore, elles étaient plus exposées à s'user ; leur croissance
n'était pas indéfinie comme celle des incisives des rongeurs,
mais elle devait durer aussi longtemps que celle des chevaux
et des éléphants. En même temps que les dents s'allongeaient
en hauteur, leurs croissants se contournaient et se plissaient un
peu comme ceux d'*Hipparion*, s'enveloppant également de
cément. Ainsi, elles ont formé une râpe merveilleuse par les
alternances des parties dures et tendres de leur surface tritu-
rante aussi bien que par leur durée.

Si nous étudions la couronne de plus près, en faisant pour
le moment abstraction des plis de l'émail, nous remarquerons
pour les lobes la disposition qu'on observe chez tous les rhinocéros. Comparons, par exemple, la sixième molaire supérieure
gauche du *Rhinoceros tichorhinus* avec la molaire corres-
pondante, du même côté, de l'*Elasmotherium* (pl. XVII,
fig. 1 et 2, 2 *a*.). Dans l'une et l'autre, deux lobes transverses
(M., E. et *m.*, *i.*), s'unissent extérieurement pour constituer
une muraille longitudinale E., *e*.

Chez l'*Elasmotherium* comme chez la plupart des rhinocéros, la dernière molaire (fig. 1 et 2, 3 a.) affectait de même la disposition en V.

L'analogie du plan de structure des molaires inférieures est encore plus évidente. Dans les deux cas, ces dents sont constituées par deux lobes disposés en croissant, le lobe postérieur (pl. XVII, fig. 3 et 4, e., i.) moins développé, venant s'appuyer contre le lobe antérieur E., I. Nous avons pris comme termes de comparaison les deux dernières arrière-molaires parce que, sur l'échantillon de *Rh. tichorhinus* que nous avons figuré, les premières sont très usées. Sur des mâchoires d'individus plus jeunes, toutes les molaires présentent la même disposition, bien semblable à la figure 4 qui montre une mâchoire inférieure d'*Elasmotherium*.

Quoique la comparaison de la tête et des dents de l'*Elasmotherium* avec celle des autres rhinocéridés impose à notre esprit l'idée de la transformation des genres, nous devons avouer que nous sommes incapables de marquer la filiation directe de l'*Elasmotherium* ; s'il ressemble à certains égards au *Rhinoceros tichorhinus*, il en diffère à d'autres points de vue. Ces deux animaux ont été contemporains ; l'un ne saurait être le père de l'autre ; ce sont plutôt des cousins. Pour trouver les parents les plus proches de l'*Elasmotherium*, il faudrait peut-être remonter jusqu'à l'âge éo-miocène des Phosphorites du Quercy. Là, nous voyons un rhinocéridé appelé le *Cadurcotherium* (1) qui a manifesté quelque tendance vers la forme herbivore de l'*Elasmotherium* ; on voit

---

(1) La forme *Cadurcotherium* n'a pas été retrouvée en Europe après le miocène inférieur ; cela provient peut-être de ce qu'elle s'est transformée et aussi de ce qu'elle a émigré en Amérique ; car, ainsi que M. Filhol l'a fait remarquer, ses dents ressemblent à celles de l'*Homalodontotherium* de M. Flower. Dans le catalogue des fossiles du British Museum, M. Lydekker place ces deux genres en avant de l'*Elasmotherium*.

dans notre planche XVI, figures 4 et 5, les dessins de deux
arrière-molaires de cet animal. Ces dents ont un fût très
élevé; elles sont enduites de cément; le lobe postérieur des
dents supérieures est moins développé que le lobe antérieur.
On y retrouve même le crochet d'émail (*cr.*) de l'*Elasmotherium* et du *Rhinoceros tichorhinus*.

Nous avons figuré dans la planche XVIII quelques schémas
de dents de pachydermes (1) pour faire comprendre la manière
dont nous imaginons que les choses se sont passées. Nous
supposons qu'un des ancêtres a pu avoir, comme dans le
Lophiodon (fig. 1), deux lobes à peu près égaux formant des
collines épaisses, propres à couper, en les broyant, des végétaux coriaces. Ensuite les collines se sont un peu élevées, lais-
sant entre elles un profond vallon (fig. 2. *Acerotherium lemanense*). Les collines se sont amincies et ont eu des prolongements
(fig. 3. *Rhinoceros pachygnathus* ou *R. Merckii*); puis elles
se sont encore plus élevées, se sont courbées et revêtues en
partie de cément (fig. 4. *Rhinoceros tichorhinus*); enfin, non
seulement elles se sont courbées, mais aussi elles se sont plis-
sées, et, en même temps, elles ont atteint leur maximum de
hauteur et se sont remplies de cément (fig. 5. *Elasmotherium*).

Nous avons placé en regard des figures précédentes, des
schémas de dents de proboscidiens et de ruminants pour mon-
trer que les changements qui ont donné lieu à la forme herbivore de l'*Elasmotherium* se sont produits en même temps dans
d'autres ordres. Nous supposons qu'il y a eu d'abord des proboscidiens à collines épaisses faites pour couper, en les broyant,
des végétaux coriaces (fig. 6. *Mastodon tapiroides*). Après,

(1) Nous avons dessiné, à côté de la couronne, une coupe longitudinale théorique des
molaires supérieures gauches. Dans tous ces schémas, les lettres E, M, I désignent les
denticules externe, médian et interne du lobe antérieur et les lettres *e, m, i*, les mêmes
denticules du lobe postérieur.

seront venus des animaux dont les collines se sont multipliées,
sont devenues plus étroites et ont eu un peu de cément (*Mastodon elephantoides* ou *Elephas Cliftii*). Puis, le cément a augmenté (fig. 7. *Elephas insignis*). Ensuite les collines se sont
élevées, rétrécies (fig. 8. *Elephas planifrons*). Les collines se
sont encore plus élevées (fig. 9. *Elephas antiquus*). Enfin,
l'*Elephas primigenius* (fig. 10), contemporain de l'*Elasmotherium*, nous montre le type le plus parfait de la dentition
herbivore dans les proboscidiens. Il est aux autres éléphants
ce que l'*Elasmotherium* est aux autres rhinocéridés. Outre
que le nombre des lamelles a beaucoup augmenté et que la
hauteur de la dent est devenue encore plus grande, l'émail lui-
même présente des plis nombreux ; la disposition en râpe se
trouve admirablement réalisée. Ces caractères nous ont paru
encore exagérés sur une molaire que le Muséum a reçue
dernièrement de Sibérie.

Nous pouvons faire sur les ruminants des remarques analogues. Comparons quelques molaires supérieures de divers
genres échelonnés régulièrement dans les temps géologiques et
considérons d'abord le *Xiphodon gracilis* (fig. 11) des lignites
éocènes de la Débruge (1). La colonnette, peu développée,
est très bien séparée du denticule médian ; les denticules
externes se présentent sous la forme de croissants réguliers ;
la dent est basse, complètement dépourvue de cément ; il en
est de même chez le *Tragocerus amaltheus* (fig. 12) du miocène supérieur de Pikermi ; le fût est pourtant plus élevé et les
denticules externes commencent à présenter vers leur milieu
un renflement qui fait penser aux denticules des dents de la

____

(1) Nous avons représenté les dents vues sur leur couronne et sur leur face interne et
nous avons figuré théoriquement une coupe transversale du premier lobe, afin de mon-
trer l'évolution de la colonnette que l'on peut regarder comme représentant le denticule interne de ce premier lobe.

forme bœuf. Il y a néanmoins, entre les molaires du *Tragocerus* et celles du *Bison priscus* (fig. 15), des différences considérables : chez le *Tragocerus*, elles sont courtes, coupantes, la colonnette supplémentaire est complètement séparée du corps de la dent, et comme elle n'arrive pas à la hauteur de la couronne, elle ne paraît jouer aucun rôle physiologique ; il n'y a pas encore de cément ; ce sont de véritables dents d'antilope. Mais nous avons tous les intermédiaires. Il est difficile de dire, par exemple, si le *Palæoryx boodon* (fig. 13) est une antilope ou un bœuf, car la hauteur de la dent s'est accrue ; la colonnette, bien que distincte encore du corps de la dent, arrive presque jusqu'à la couronne et augmente ainsi la surface de trituration. En même temps, la dilatation des lobes externes s'accentue davantage, ce qui produit, à la surface externe de la muraille, une convexité plus considérable de l'émail. Pourtant, certains caractères de dent d'antilope persistent encore ; ce sont l'existence très nette d'un collet et la prédominance sur les côtes médianes des plis de l'émail, en avant et en arrière de chaque denticule. Le contraire arrive chez les bœufs, comme on peut le voir dans la figure 14 qui représente une arrière-molaire de *Bos elatus*. Ici la colonnette est soudée dans toute sa hauteur au corps de la dent, et la dépression interlobaire est comblée avec du cément. Le *Bison priscus* du quaternaire (fig. 15) ne diffère du précédent que par une hauteur encore plus considérable du fût et par des plissements secondaires de l'émail qui, avec la section de la colonnette, constituent un appareil parfait de trituration.

On trouvera, dans les admirables travaux de Rütimeyer sur les ruminants et particulièrement sur les bœufs, des remarques du plus haut intérêt sur la forme et l'évolution des dents de ces animaux.

Édouard Lartet (1) avait observé que les ruminants tertiaires avaient des dents beaucoup moins hautes que ceux du quaternaire. Les conséquences que cet éminent paléontologiste en a tirées sont très différentes des nôtres, car il croyait pouvoir y reconnaître la preuve que les animaux rapprochés de notre époque ont eu une vie plus longue que les animaux tertiaires, tandis que pour nous, jusqu'à présent, nous ne voyons pas pourquoi on pourrait supposer que les mammifères quaternaires et actuels ont eu une plus grande longévité que leurs prédécesseurs. Comme on vient de le voir, nous pensons que si le fût des dents s'est allongé, c'est par suite des changements de régime ; il fallait que les dents fussent d'autant plus longues qu'elles étaient exposées à s'user plus rapidement.

En regardant notre planche XVIII, nos lecteurs pourront faire cette remarque assez curieuse que les divers genres des trois ordres que nous venons de considérer ont eu une évolution parallèle, car les rangées horizontales de croquis se rapportent à des animaux qui ont vécu à peu près à la même époque et se trouvent à des stades analogues au point de vue des transformations dentaires. Les personnes disposées à croire que l'idée d'évolution a quelque fondement pouvaient, d'ailleurs, prévoir ce résultat.

OS DES MEMBRES

Jusqu'à présent, à notre connaissance, on n'a rien publié

(1) Édouard Lartet, *De quelques cas de progression organique vérifiables dans la succession des temps géologiques sur des mammifères de même famille et de même genre* (Comptes rendus, t. LXVI, p. 1119).

sur les os des membres de l'*Elasmotherium*. Leur étude confirme ce que nous a appris l'étude du crâne et des dents.

Nous les avons figurés dans la planche XIX. On voit, figure 1,
l'omoplate droite ; figure 2, le radius droit en connexion avec
le cubitus du même côté ; figure 3, les deuxième, troisième et
quatrième métacarpiens droits ; figure 4, le tibia gauche ;
figures 5 et 6, le calcanéum et l'astragale du même côté.

Bien que les bords de l'omoplate ne soient pas intacts, on
reconnaît tout de suite la forme générale qu'affecte cet os chez
les rhinocéros vivants. Sa longueur, prise de l'extrémité du
bord supérieur au milieu de la cavité glénoïde, mesure 0^m,54.
Sa plus grande largeur est de 0^m,33 ; sa plus petite largeur,
au-dessus de l'apophyse coracoïde, est de 0^m,175. Cette apophyse coracoïde (fig. 1, *cor.*) est représentée par une grosse
tubérosité. La crête, très prononcée, devait fournir une
apophyse saillante déjetée de côté, mais qui a été brisée
(fig. 1, *ap.*). Tous ces caractères rapprochent l'omoplate de
l'*Elasmotherium* de celle de l'Unicorne de l'Inde, bien différente
de l'omoplate du Rhinocéros bicorne du Cap. Ce même os a,
chez le *Rhinoceros tichorhinus*, une forme étroite, allongée,
qui le distingue de l'exemplaire que nous étudions.

Le radius et le cubitus (pl. XIX, fig. 2) ne diffèrent des
mêmes os des rhinocéros que par des caractères de peu d'importance. Le radius (R) est à peu près complet. Sa longueur,
prise sur la ligne médiane de la face antérieure, est de 0^m,475.
Le diamètre du corps de l'os mesuré vers son milieu est
de 0^m,80 ; on observe dans sa région distale, pour le passage
des extenseurs des doigts, un enfoncement plus prononcé que
chez les formes vivantes de rhinocéros.

Le cubitus (C) est assez mal conservé. La plus grande
partie de l'olécrâne et l'apophyse styloïde ont été brisées, de

sorte qu'il est difficile de donner des mesures précises. La crête est très prononcée, rugueuse.

Les métacarpiens (fig. 3) sont à la fois longs et épais. Le métacarpien médian mesure $0^m,260$ sur la ligne médiane de sa face antérieure, $0^m,067$ de largeur vers son milieu et $0^m,080$ de largeur à son extrémité inférieure. Nous avons comparé ces dimensions avec celles des métacarpiens des rhinocéros tertiaires, du *Rhinoceros tichorhinus* et des rhinocéros actuels. Pour tenir compte de ce fait que l'*Elasmotherium* était un animal bien plus gros que ses parents, nous avons d'abord cherché les rapports qui existent entre les os longs que nous possédons et ces mêmes os appartenant aux rhinocéros vivants ou fossiles. Les os de l'*Elasmotherium* ont, en moyenne, un tiers en plus de longueur que ceux des divers rhinocéros, tandis que les métacarpiens ont une moitié en plus. Ainsi, chez l'*Elasmotherium*, l'accroissement en longueur des métacarpiens paraît avoir été relativement plus considérable que l'accroissement des autres membres. L'Unicorne de l'Inde est la seule espèce, parmi celles que nous avons examinées, dont la longueur des métacarpiens soit à peu près aussi grande, relativement, que chez l'*Elasmothe-rium;* nous avons déjà constaté la ressemblance de configuration de l'omoplate de ces deux animaux.

L'ensemble des rapports que nous avons calculés pour la longueur de la tête et la longueur des os des membres montre que, comme forme générale, c'est du *Rhinoceros simus* que l'*Elasmotherium* se rapproche le plus ; mais il s'en écarte par un plus grand développement des métacarpiens.

Si l'on considère que le *Rhinoceros simus* est le plus herbivore des rhinocéros actuels, cette comparaison offrira un certain intérêt. Elle nous porte à croire que l'*Elasmotherium*,

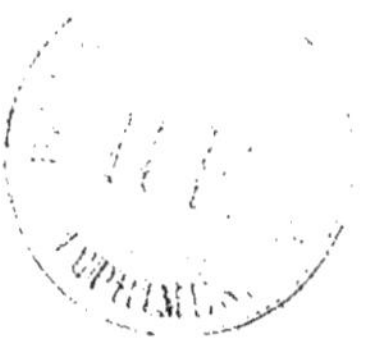

malgré l'ampleur massive de ses formes, avait une allure moins lourde que celle de son contemporain, le *Rhinoceros ticho-rhinus*.

Il nous a semblé que les métacarpiens avaient, pour les os du carpe, des facettes articulaires plus élargies que chez les rhinocéros, bien que disposées absolument de la même manière. Nous les avons figurées vues de face. En *f. 5m.*, c'est-à-dire sur le côté du quatrième métacarpien et un peu postérieurement, on voit la facette d'articulation pour le rudiment du cinquième doigt.

Le tibia (pl. XIX, fig. 4) est à peu près complet. Pourtant une partie de la face externe de l'extrémité inférieure a été brisée par la fossilisation et peut-être aussi une partie de la malléole interne. Sa longueur, prise sur la ligne médiane de la face antérieure, est de $0^m,465$; la largeur de son épiphyse supérieure est de $0^m,170$; le diamètre minimum du corps est de $0^m,080$. La crête (*cr.*) très prononcée aboutit à la tubérosité externe (*t.e.*) qui forme une saillie excessivement accusée. On remarque, et ceci s'applique à tous les os longs, une plus grande largeur des épiphyses comparée à la largeur du corps, et un fort développement des apophyses d'insertion des muscles.

Le calcanéum (fig. 5) a $0^m,170$ de longueur maximum. La plus grande largeur de la facette astragalienne est de $0^m,120$. Sa forme générale présente beaucoup de ressemblance avec celle d'un calcanéum de *Rhinoceros tichorhinus* provenant du Haut-Montreuil; mais l'apophyse talonnière (*a.t.*) est beaucoup plus développée, sa surface est plus rugueuse. La facette astragalienne (*as.*) est très élargie.

L'astragale (fig. 6) n'offre que des différences de grandeur. On pourrait, à la rigueur, noter une plus grande profondeur et une plus grande obliquité dans la gorge de la poulie, caractères qui s'accorderaient bien avec la longueur relativement grande des métatarsiens. Mais peut-être ceux-ci n'étaient-ils pas aussi développés que les métacarpiens.

CONCLUSION

Comme on vient de le voir, l'étude des membres de l'*Elasmotherium* confirme la pensée que ce genre a été un bien proche parent des rhinocéros.

Cette esquisse nous semble offrir un exemple des harmonies de la nature dans les temps passés; car elle montre comment le monde animal s'est plié aux changements du monde végétal. De même que les proboscidiens et les ruminants, les pachydermes nous présentent un type qui a pris de nouvelles formes de dentition, lorsqu'il a dû passer du régime de la végétation forestière au régime des simples herbages. Les molaires plus ou moins coupantes sont devenues triturantes; l'émail s'est développé afin de donner une plus grande surface de trituration; en même temps, les creux se sont garnis de cément et l'ensemble a produit une râpe aussi parfaite que possible. Mais ces modifications n'ont pas enlevé aux organes le cachet de leur origine et le paléontologiste peut suivre leurs enchaînements à travers les âges.

EXPLICATION DES FIGURES

Planche XVI.

Les figures 1, 2 et 3 sont au cinquième de la grandeur naturelle;
les figures 4 et 5 sont aux trois quarts.

Fig. 1. — Crâne de l'*Elasmotherium sibiricum*, vu de profil, d'après un moulage donné au Muséum par M. de Möller : *oc.*, occipital; *c. o.*, condyle occipital; *par.*, pariétal; *tem.*, temporal; *p. gl.*, apophyse post-glénoïde; *f. t.*, fosse temporale; *zyg.*, arcade zygomatique; *j.*, jugal; *fr.*, frontal; *or.*, orbite; *n.*, nasal; *s. o.*, trou sous-orbitaire; *i. m.*, intermaxillaire; *m.*, maxillaire; 1*a.*, alvéole de la première arrière-molaire; 2*a.*, alvéole de la deuxième arrière-molaire; 3*a.*, alvéole de la troisième arrière-molaire. La partie inférieure du maxillaire et la cloison osseuse du nez ont été détruites par suite d'un accident de fossilisation.

Fig. 2. — Arrière-crâne d'*Elasmotherium* brisé suivant un plan vertical passant un peu au-dessus de la suture fronto-pariétale. Cette pièce, don de M. Ossoskoff au Muséum de Paris, a été représentée vue en avant : *cr. o.*, crête occipitale; *s. fr.*, sinus frontaux; *tem.*, temporal; *p. gl.*, apophyse post-glénoïde.

Fig. 3. — Moulage de l'intérieur du crâne faisant partie de la collection de Gall, d'après une pièce exécutée sous la direction d'Henri Milne-Edwards, vu en dessus : *lo.*, lobe olfactif droit; *h.*, hémisphère cérébral du même côté; *si.*, empreintes des sinus veineux; *c.*, cervelet; *m. a.*, moelle allongée. Collections du Muséum.

Fig. 4 et 5. — Une molaire supérieure gauche et une molaire inférieure droite, vues sur la couronne, de *Cadurcotherium Cayluxi*, d'après des pièces provenant des phosphorites du Quercy et faisant partie des collections du Muséum : 1*l.*, premier lobe; 2*l.*, second lobe; *cr.*, crochet d'émail du premier lobe, analogue au crochet des dents de l'*Elasmotherium; cém.*, cément; *ém.*, émail; *iv.*, ivoire ou dentine.

PLANCHE XVII.

Nous avons réuni sur cette planche les mâchoires supérieures gauches et les mâchoires inférieures du même côté du *Rhinoceros tichorhinus* et de l'*Elasmotherium* ; pour faciliter les comparaisons, nous avons désigné par les mêmes lettres les dents et les denticules homologues.

Fig. 1. — Molaires supérieures gauches de *Rhinoceros tichorhinus* vues sur la couronne aux trois cinquièmes de la grandeur naturelle, d'après une pièce provenant d'Abbeville (coll. du Muséum) : $1p.$, restes de l'alvéole de la première prémolaire, caduque de bonne heure ; $2p.$, $3p.$, $4p.$, deuxième, troisième et quatrième prémolaires ; $1a.$, $2a.$, $3a.$, première, deuxième et troisième arrière-molaires ; E., M., I., denticules externe, médian et interne du premier lobe ; $e.$, $m.$, $i.$, denticules externe, médian et interne du second lobe. Les dents autres que les dernières molaires étant très usées, la part qui revient aux divers denticules est moins distincte, de sorte qu'elles se prêtent moins bien à la comparaison.

Fig. 2. — Molaires supérieures gauches d'*Elasmotherium* vues sur la couronne, aux deux cinquièmes environ de la grandeur naturelle, d'après Brandt : $3p.$, $4p.$, troisième et quatrième prémolaires (les deux premières n'existent pas ou sont rudimentaires) ; $1a.$, $2a.$, $3a.$, première, deuxième et troisième arrière-molaires ; E., M., I., denticules externe, médian et interne du premier lobe ; $e. + m.$, denticules externe et médian du second lobe réunis ; $i.$, denticule interne du second lobe.

Fig. 3. — Molaires inférieures gauches de *Rhinoceros tichorhinus* vues sur la couronne aux trois cinquièmes de la grandeur naturelle, d'après une pièce provenant d'Abbeville (coll. du Muséum) : $2p.$, $3p.$, $4p.$, deuxième, troisième et quatrième prémolaires ; $1a.$, $2a.$, $3a.$, première, deuxième et troisième arrière-molaires ; E., I., denticules externe et interne du premier lobe ; $e.$, $i.$, denticules externe et interne du second lobe.

Fig. 4. — Molaires inférieures gauches d'*Elasmotherium* vues sur la couronne, aux deux cinquièmes environ de la grandeur naturelle, d'après Brandt : $2p.$, alvéole de la deuxième prémolaire rudimentaire ; $3p.$, $4p.$, troisième et quatrième prémolaires ; $1a.$, $2a.$, $3a.$, première, deuxième et troisième arrière-molaires; E., I., denticules externe et interne du premier lobe; *e.*, *i.*, denticules externe et interne du second lobe.

Planche XVIII.

Cette planche représente des schémas de dents d'animaux, s'échelonnant régulièrement dans la succession des temps tertiaires et quaternaires, et appartenant aux trois ordres des pachydermes, des proboscidiens et des ruminants.
Dans tous ces croquis, le cément est figuré par un pointillé, l'ivoire par des hachures obliques et l'émail est laissé en blanc.

Série des pachydermes. — Les dents sont représentées vues sur leur couronne et suivant une coupe longitudinale des deux lobes.

Fig. 1. — *Lophiodon parisiensis* de l'Éocène;

Fig. 2. — *Acerotherium lemanense* du Miocène inférieur;

Fig. 3. — *Rhinoceros pachygnathus* du Miocène supérieur ou *Rhinoceros leptorhinus* du Pliocène;

Fig. 4. — *Rhinoceros tichorhinus* du Quaternaire;

Fig. 5. — *Elasmotherium sibiricum* du Quaternaire.

Dans toutes ces figures, 1 *l.*, 2 *l.*, désignent le premier et le second lobe; E., M., I., les denticules externe, médian et interne du premier lobe; *c.*, *m.*, *i.*, les denticules externe, médian et interne du second lobe.

Série des proboscidiens. — Les dents sont représentées suivant une coupe longitudinale.

Fig. 6. — *Mastodon tapiroides*, du Miocène moyen;

Fig. 7. — *Elephas insignis*, des collines Sewaliks (Miocène supérieur);

Fig. 8. — *Elephas planifrons*, des collines Sewaliks (Miocène supérieur);

Fig. 9. — *Elephas meridionalis* du Pliocène;

Fig. 10. — *Elephas primigenius* du Quaternaire.

Série des ruminants. — Les dents sont représentées vues sur leur couronne du côté interne et suivant une coupe qui serait pratiquée à travers le premier lobe et la colonnette.

Fig. 11. — *Xiphodon gracilis*, de l'Éocène supérieur;

Fig. 12. — *Tragocerus amaltheus*, du Miocène supérieur;

Fig. 13. — *Palæoryx boodon*, du Pliocène moyen;

Fig. 14. — *Bos elatus*, du Pliocène supérieur;

Fig. 15. — *Bison priscus*, du Quaternaire.

Dans toutes ces figures, E., M. désignent les denticules externe et médian du premier lobe; I. désigne le denticule interne ou colonnette; *e.* désigne le denticule externe du second lobe; *m.* + *i.*, les denticules médian et interne réunis du second lobe.

Le lecteur remarquera que, dans ces trois séries, à partir de la base, l'émail diminue d'épaisseur en même temps qu'augmente la surface de son développement, la dent s'accroît en hauteur, le cément apparaît peu à peu; ces trois phénomènes sont corrélatifs.

PLANCHE XIX.

Les figures 1, 2 et 4 sont au septième de la grandeur naturelle; les figures 3, 5 et 6 sont au quart; elles ont été faites d'après les moulages envoyés au Muséum, par M. de Möller.

Fig. 1. — Omoplate droite, vue sur la face externe : *b. s.*, bord supérieur; *f. su.*, fosse sus-épineuse; *f. so.*, fosse sous-épineuse; *ép.*, épine; *ap.*, apophyse épineuse; *cor.*, apophyse coracoïde; *c. gl.*, cavité glénoïde.

Fig. 2. — Radius en connexion avec le cubitus, vu de trois quarts : R., radius; *sc.*, partie correspondant au scaphoïde; *s. l.*, partie correspondant au semi-lunaire; C., cubitus; *ol.*, olécrâne (on a reconstitué son contour général par un pointillé); *c. si.*, cavité sigmoïde; *py.*, partie correspondant au pyramidal.

Fig. 3. — Métacarpiens vus sur leur face antérieure et sur leur face supérieure : *2m.*, *3m.*, *4m.*, deuxième, troisième et quatrième métacarpiens; *tra.*, facette d'insertion du trapézoïde; *g. o.*, facettes d'insertion du grand os; *on.*, facettes d'insertion de l'onciforme; *f. 5m.*, facette d'insertion du rudiment du cinquième doigt.

Fig. 4. — Tibia vu sur la face antérieure; on a représenté au-dessous sa face inférieure : *ép.*, épine; *f. c. e.*, facette condylienne externe; *f. c. i.*, facette condylienne interne; *cr.*, crête; *m. i.*, malléole interne; *f. a.*, partie s'articulant avec l'astragale.

Fig. 5. — Calcanéum vu sur sa face antérieure : *a. t.*, apophyse talonnière; *as.*, facette astragalienne; *cu.*, facette du cuboïde.

Fig. 6. — Astragale vu sur sa face antérieure et sur sa face inférieure : *ti.*, poulie d'articulation avec le tibia; *nav.*, facette du naviculaire; *cu.*, facette du cuboïde.

www.ingramcontent.com/pod-product-compliance
Lightning Source LLC
Chambersburg PA
CBHW061819060726
47597CB00008B/3272